我不知道
鸟儿
会
倒挂

我不知道系列：动物才能真特别

I didn't know that

some

birds hang

upside

down

我不知道

鸟儿会倒挂

[英] 凯特·贝蒂◎著

[英] 麦克·泰勒◎绘

沈广湫◎译

哈尔滨出版社

HARBIN PUBLISHING HOUSE

我不知道

前　言

你知道吗？有些鸟儿一天能飞行 960 千米；有些鸟儿好像身怀水上行走的绝技；而有些鸟儿却根本不会飞……

快来认识各种各样的鸟儿，了解最大的鸟儿有多大、最小的鸟儿有多小、它们吃什么、如何繁育鸟宝宝，一起探索神奇的鸟世界！

 注意这个图标，它表明页面上有个好玩的小游戏，快来一试身手！

 真的还是假的？看到这个图标，表明要做判断题喽！记得先回答再看答案。

别忘了读一读页边上的妙妙鸟类小百科！

我不知道

鸟儿都有羽毛。这在动物界是独一无二的。羽毛可以保暖，帮助鸟儿飞翔。颜色暗淡的羽毛能让鸟儿安全地"隐身"，色彩艳丽的羽毛有助于鸟儿找到伴侣。

孔雀

有这样一个阿拉伯传说，一只神鸟每过 500 年就会收集香木自焚，然后从灰烬中重生。

真的还是假的?
鸟类是唯一会飞的动物。

答案:假的

　蜜蜂和蝴蝶等昆虫也会飞,
它们用轻薄的翅膀在空中飞翔。
蝙蝠虽然是哺乳动物,但它
也会飞。蝙蝠的翅膀上
覆盖着一层薄薄的
皮膜。

果蝠

研究鸟类的
科学家叫作鸟类
学家。他们学习
所有关于鸟的知识,研究鸟的行为和习
性。不过,也有很多普通人对鸟类感兴
趣,成为了热心而专业的观鸟人。

! 几维鸟不会飞,它的羽毛非常柔软,毛茸茸的。

信天翁有着长而窄的翅膀，双翅展开有 3~4 米长。它们飞行时很少拍动翅膀，而是乘着海面的暖气流滑翔上升。

海鹦

信天翁

海燕

捏住纸的一头，朝纸面上吹气，你会发现纸能飘起来，这就是鸟儿在空中滑翔的原理。空气掠过翅膀的上方，为鸟儿提供了上升的动力。

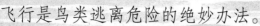

！飞行是鸟类逃离危险的绝妙办法。

找一找

你能找到 1 只
海豹吗?

我不知道

　　鸟儿拍拍翅膀才能起飞。它们将翅膀打开，舒展羽毛，迎着气流拍打翅膀，起飞！海鹦需要强健的肌肉和充足的体力，才能飞越狂风不息的大海！

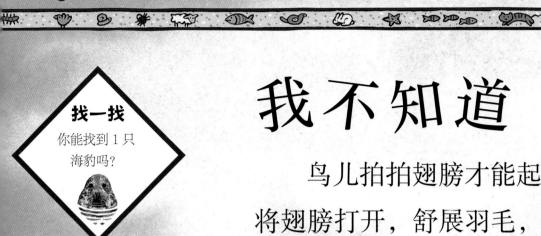

　　海燕属于小型鸟类。它们仿佛掌握了在海上行走的本领，飞行时会用脚轻拍海面，用喙叼出美味的鱼和其他浮游生物。

我不知道

　　有些鸟儿会"换装"。雷鸟的羽毛在夏天是灰褐色的，到了秋天它们开始换羽，长出白色新羽。冬天第一场雪降下时，白色羽毛为雷鸟提供了完美的伪装保护色，从而逃过捕猎者的眼睛。

找一找

你能找到
雪兔吗?

雷鸟的冬装

! 鸟儿会洗浴和梳理羽毛，让羽毛处于最佳状态。

! 鸟儿羽毛的重量大约是它们骨骼重量的2倍。

飞羽帮助鸟儿飞翔，体羽让鸟儿的外形呈流线型，绒羽保暖，尾羽帮助鸟儿保持平衡和调整方向。

数一数天鹅有多少根羽毛？别费这个劲啦——它们大约有2.5万根羽毛。每根羽毛的寿命约为1年。老的羽毛松动掉落后会长出新的羽毛。

羽毛上有带钩或槽的羽枝，相互钩连，使羽毛表面光滑柔顺。你可以试着用指头顺着羽枝生长的方向滑动，羽毛会合拢。反方向滑动，羽毛会打开。

11

我不知道

　　企鹅能在水下"飞"。它们的翅膀又短又粗，还很硬，不适合在天空中飞翔。不过，这样的翅膀堪称完美的"鳍"。只要拍拍翅膀，企鹅就能在水中快速前进。

帝企鹅

找一找

你能找到
5 条鱼吗?

! 企鹅滑动翅膀，让身体像雪橇一样滑过冰面。

对不会飞的鸟儿来说，躲避危险是个大问题。300多年前，水手们来到一座海岛上，发现了渡渡鸟。令人伤心的是，美味但不会飞的渡渡鸟遭到捕杀，最后灭绝了。

鸸鹋不会飞，但它们在陆地上奔跑的速度可达 48.3 千米 / 小时。它们的身影一闪而过，好像参加比赛的自行车。

鸸鹋

13

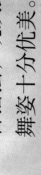

我不知道

有些鸟儿会倒挂。繁殖季节来临，雄性极乐鸟从树枝上倒挂下来，炫耀自己的绚丽羽毛，努力吸引雌鸟的关注。

丹顶鹤在繁殖季节会翩翩起舞。雌鸟和雄鸟轻展双翅，昂首摇摆，跳跃到空中，舞姿十分优美。

蓝极乐鸟

! 无论雌雄，天鹅都会与自己的伴侣相守一生。

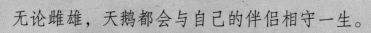

繁殖季节，雄性军舰鸟鼓起鲜红色的喉囊，大展魅力。

找一找

你能找到
5只蝴蝶吗！

雄秃鹰会表演
飞行绝技，打动伴
侣。它来了一个神
勇的俯冲，时速达
到160千米。

答案：真的

蓝尾八色鸫是一种善于鸣
叫的鸟儿，喜欢躲藏在树丛或
枝叶间。高声鸣叫不仅是雄鸟
获得关注的好办法，也可以警
示其他雄鸟不要靠近自己的巢。

真的还是假的？

鸟儿鸣叫是为
了吸引伴侣。

15

灶巢鸟

灶巢鸟用黏土或泥做巢，巢的形状很像一个火壁炉。它们要飞行上千次，才能衔来足够的泥建造出鸟巢。

找一找
你能找到 10 只织巢鸟吗？

吉拉啄木鸟生活在炎热而干燥的沙漠里。它们在巨大的仙人掌上挖洞筑巢。仙人掌里面凉爽舒适，表面的刺还能赶走偷蛋者。

！鹳常常在烟囱上筑巢。

我不知道

有些鸟儿会织巢。非洲草原上有一种织巢鸟，雄鸟会用草在树枝上编织出美丽的鸟巢。雌鸟随后飞来巡视，如果中意某个鸟巢，它可能会搬来入住。

真的还是假的？
所有鸟儿都会筑巢。

白燕鸥

黑头织巢鸟

答案：假的

也有许多鸟儿不筑巢。白燕鸥把蛋产在树杈间，每窝只产1枚蛋。许多海鸟选择在地面或悬崖边的洞里下蛋。

我不知道

有些鸟蛋很像鹅卵石。剑鸻在开阔的地面上、河岸边或沙滩上的岩石间产蛋。剑鸻蛋上长有斑点，看上去很像四周的鹅卵石，所以不容易被天敌发现。

鸳鸯

鸟蛋孵化需要一定的温度，所以鸟爸爸和鸟妈妈会用自己的羽毛为蛋保暖，这个过程叫作孵化。

剑鸻

真的还是假的?
鸟蛋的孵化期一般是10天。

鸸鹋幼鸟

答案：假的

　　有些鸟蛋孵化需要10天，
但这只是最快的情况。大多数
鸟蛋孵化需要更长的时间。
鸸鹋蛋孵化大约需要8周。

找一找

你能找出 14
颗蛋吗?

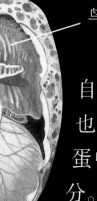

蛋壳

鸟宝宝

蛋黄

蛋清

鸟宝宝的养分来
自蛋黄和蛋白。蛋白
也叫"蛋清"，就是
蛋中像透明果冻的部
分。蛋壳上有微小的
透气孔，鸟宝宝通过透
气孔呼吸。

! 在许多国家和地区，鸟蛋受到法律的保护。

刚出壳的雏鸟有的毛茸茸，活泼好动；有的光溜溜的没有毛，还睁不开眼睛。

长尾山雀每周要捕捉700条毛毛虫喂雏鸟。为了保证食物充足，长尾山雀夫妻每年春天都要算好产蛋的时间，保证雏鸟孵化的时间和几百万只毛毛虫出生的时间几乎一致。

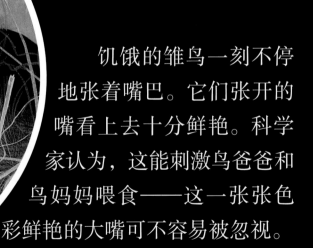

饥饿的雏鸟一刻不停地张着嘴巴。它们张开的嘴看上去十分鲜艳。科学家认为，这能刺激鸟爸爸和鸟妈妈喂食——这一张张色彩鲜艳的大嘴可不容易被忽视。

我不知道

破壳而出是个辛苦活。鸟蛋看起来脆弱，其实蛋壳十分坚硬。雏鸟一般都要啄上好几个小时，才能完全出壳。

灰林鸮雏鸟

真的还是假的？
同一窝的鸟蛋会同时孵化。

答案：假的

　　猫头鹰在产下第1枚蛋后，会立即开始孵蛋，所以第1枚蛋会比其他的蛋提前1周被孵出。

托哥巨嘴鸟

找一找
你能找到 2 只
吼猴吗?

我不知道

托哥巨嘴鸟用"镊子"吃饭。

托哥巨嘴鸟喜欢吃水果,它们
巨大的中空喙能像镊子一样,
灵巧地吃枝头上成熟的水果。

! 冠蓝鸦以坚果为食,它们也像松鼠一样把坚果埋在地下。

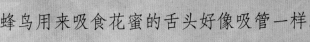

！ 蜂鸟用来吸食花蜜的舌头好像吸管一样。

真的还是假的？
食蜂鸟绝不会被蜇。

答案：真的
　　食蜂鸟在吃掉蜜蜂前，会把蜜蜂放在地上来回蹭，以便把毒针蹭掉。

画眉

食蜂鸟

画眉喜欢吃昆虫或蜗牛这样的小动物。它们衔起蜗牛，往石头上一磕，蜗牛壳就被打开了。

　　火烈鸟的喙像滤网。它们先用弯弯的嘴巴吸水，然后用舌头把水往外推。水排出时会通过一层细密的过滤网，细小的食物就留在了嘴里。

火烈鸟

细密的过滤网

23

我不知道

有些鸟儿"腿上功夫"很厉害。蛇鹫生活在非洲大陆开阔的草原上，它们大部分时间都待在地面上，主要捕食蜥蜴和蛇类。它们会用利爪使劲地踩踏猎物。

真的还是假的？
猫头鹰在黑暗中也能看清东西。

雕鸮

答案：假的

猫头鹰的眼睛很大，能够适应微弱的光线，但它们在完全的黑暗中也无法看清东西。猫头鹰在夜间捕食，主要依靠它们敏锐的听力。

秃鹫以腐肉为食。它们飞过草原，不断地侦察、闻嗅，希望能找到一顿美餐。一旦发现目标，它们就用强有力的钩喙将尸体撕成碎片。

鹗也叫作鱼鹰。它们俯冲到水面，伸出长爪先将鱼牢牢钳住。接着，它们带着战利品飞到附近的树枝上，开始享用鲜鱼美餐。

！ 金雕视力惊人，能够锁定千米以外的兔子。

我不知道

有些鸟一天能飞 960 千米。大雁的飞行速度堪比汽车，而且可以不停地飞行很长时间。春秋季节，许多大雁会迁徙到遥远的地方繁育后代，避开寒冷的冬季。

灰雁

科学家还没有完全弄清楚鸟儿迁徙时是如何辨别路线的。也许它们身体里有天然的"指南针"帮助它们识别方向，也许太阳和月亮是它们的向导。

玫胸白斑翅雀

灯塔发出的光会干扰夜间迁徙的鸟群。

! 迁徙的鸟群常常成为打鸟族的目标。

真的还是假的？
有些鸟儿环绕地球飞行。

答案：真的
　　北极燕鸥每年会从北极飞到南极，再飞回北极——而且年复一年！来回旅程超过 3.4 万千米。

北极燕鸥

迁徙的鸟儿通常在湖泊或河湾暂作停留。这些地方相当于服务站，长途飞行的鸟儿可以在这里进食和休息。

比尤克斯小天鹅

27

真的还是假的?
有些鸟儿的飞行速度与特快列车一样快。

游隼

答案:真的

游隼是世界上俯冲速度最快的鸟儿。它们在空中捕食其他鸟类时,俯冲速度可达 273 千米／小时。

鸵鸟

红嘴奎利亚雀

鸵鸟是世界上最大的鸟儿,身高可达 2.7 米。古巴吸蜜蜂鸟是世界上最小的鸟儿之一——大小和蜜蜂差不多。

! 蜂鸟甚至可以倒着飞。

我不知道

有些鸟群里有 100 万只鸟。红嘴奎利亚雀生活在非洲，鸟群非常庞大，常常几百万只鸟一起飞翔，一起吃草籽，几分钟内就可以吃光一个农场的庄稼——简直就是鸟界的蝗虫！

鸟界长嘴冠军当数澳大利亚鹈鹕。它们剪刀状的鸟喙最长可达 47 厘米，整理羽毛的时候肯定非常好用！

词 汇 表

蛋黄

蛋里面黄色的部分，为发育中的雏鸟提供养分。

繁殖季节

每年雄鸟和雌鸟聚到一起交配、繁育后代的某个时期。

孵化

保持蛋内温暖，直至雏鸟发育完成后破壳而出。

腐肉

动物死去后的尸体。

河湾

河流入海的区域。

花蜜

花朵里的香甜汁液，常吸引鸟儿、昆虫和其他动物前来吸食。

换羽

羽毛磨损后脱落，被新羽代替。

流线型

只有身体线条流畅，鸟儿才能在空中飞得更省力。

灭绝

某种植物或动物永远从地球上消失。

暖气流

上升的一股暖空气，为鸟儿飞行提供升力。

迁徙

从地球上的一个地方迁移到另一个地方。有些鸟类每年都在它们的夏季繁殖地和越冬地之间迁徙。

伪装保护色

鸟类羽毛上的颜色或花纹，帮助它们更好地融入周围环境，不易被发现。

羽枝

羽毛上类似钩子的枝杈。

爪

猛禽长而弯曲的爪子。

整理羽毛

鸟用喙清洁和理顺羽毛。

黑版贸审字 08-2020-073 号

图书在版编目（CIP）数据

我不知道鸟儿会倒挂 /（英）凯特·贝蒂著;（英）麦克·泰勒绘; 沈广湫. -- 哈尔滨 : 哈尔滨出版社, 2020.12

（我不知道系列 : 动物才能真特别）
ISBN 978-7-5484-5426-7

Ⅰ.①我… Ⅱ.①凯… ②麦… ③沈… Ⅲ.①鸟类 – 儿童读物 Ⅳ.①Q959.7-49

中国版本图书馆CIP数据核字(2020)第141945号

Copyright © Aladdin Books 2020
An Aladdin Book
Designed and Directed by Aladdin Books Ltd
PO Box 53987
London SW15 2SF
England

书　　名：**我不知道鸟儿会倒挂**
WO BUZHIDAO NIAOER HUI DAOGUA
- -
作　者：[英]凯特·贝蒂 著　[英]麦克·泰勒 绘　沈广湫 译
责任编辑：马丽颖　尉晓敏　　　责任审校：李　战
特约编辑：严　倩　陈玲玲　　　美术设计：柯　桂
- -
出版发行：哈尔滨出版社（Harbin Publishing House）
社　　址：哈尔滨市松北区世坤路738号9号楼　　邮编：150028
经　　销：全国新华书店
印　　刷：湖南天闻新华印务有限公司
网　　址：www.hrbcbs.com　　www.mifengniao.com
E-mail：hrbcbs@yeah.net
编辑版权热线：（0451）87900271　87900272
销售热线：（0451）87900202　87900203
- -
开　本：889mm×1194mm　1/16　印张：12　字数：60千字
版　次：2020年12月第1版
印　次：2020年12月第1次印刷
书　号：ISBN 978-7-5484-5426-7
定　价：98.00元（全6册）
- -
凡购本社图书发现印装错误，请与本社印制部联系调换。

服务热线：（0451）87900278

我不知道

**原来鸟儿身上有
这么多新鲜有趣的故事。**

我猜你不知道：

- 有些鸟儿会"换装"
- 有些鸟群里有 100 万只鸟
- 有些鸟儿体内有"指南针"，帮助它们辨别方向

注意这个游戏图标，

动手做一做书中的**小·游戏**，

别忘了读一读页边上的**妙妙·小·百科**！

试着回答判断题是**真的还是假的**，

找一找藏在精美插图中的目标物。

上架建议 / 自然科普

ISBN 978-7-5484-5426-7

9 787548 454267 >

定价：98.00 元（全 6 册）